Sebastian Piodeck

Genetik und Drosophila melanogaster

GRIN Verlag

Bibliografische Information der Deutschen Nationalbibliothek:

Die Deutsche Bibliothek verzeichnet diese Publikation in der Deutschen Nationalbibliografie; detaillierte bibliografische Daten sind im Internet über http://dnb.d-
nb.de/ abrufbar.

Impressum:

Copyright © 2012 GRIN Verlag GmbH
Druck und Bindung: Books on Demand GmbH, Norderstedt Germany
ISBN: 978-3-656-25608-3

Dieses Buch bei GRIN:

http://www.grin.com/de/e-book/192558/genetik-und-drosophila-melanogaster

Inhaltsverzeichnis

1. Einleitung

Das Wissen der Vererbung einzelner Merkmale der Organismen entstand relativ vor kurzem und hat seinen Ausgangspunkt in der Lebenszeit von Gregor Mendel. In den Jahren 1856-1865 führte G. Mendel im Garten seines Klosters zahlreiche Kreuzungsversuche und untersuchte dadurch die Mechanismen der Weitergabe individueller Merkmale der Erbsen an die nächsten Generationen. Er betrachtete das Phänomen der Aufspaltung in seinen Experimenten und anschließend stellte einige Gesetzmäßigkeiten der Vererbung fest, die heutzutage als Mendelsche Regeln bekannt sind. Später hat dieser Bereich der Wissenschaft großes Interesse bei Thomas Hunt Morgan geweckt. Er entdeckte die Erscheinung der Genkopplung und anschließend stellte fest, dass die auf demselben Chromosom liegenden Gene die Kopplungsgruppen bilden. Außerdem bewies er, dass bei der Vererbung so ein Vorgang wie Crossingover stattfinden kann. Schließlich ist er der erste, wer über lineare Anordnung der Gene zu erwähnen begann und legte die Grundlagen der Genkartierung. T, H. Morgen entdeckte durch Crossingover kleine allmähliche genetische Veränderungen der Organismen innerhalb der Population. Einen wichtigen Beitrag zu der Entwicklung des genetischen Wissens leistete Hermann Joseph Müller, als er behauptete, dass Gene grundlegende Lebensmoleküle sind und sich im Zellkern befinden. Der nächste wichtige Schritt der Entwicklung der Genetik ist von Wilhelm Weinberg und Godfrey Harold Hardy gemacht worden, als sie fast gleichzeitig eine Formel erfunden, die die Aufspaltungsverhältnisse von dominanten und rezessiven Merkmalen innerhalb der Population bezeichnet.[1]

In dieser Facharbeit wird es sich von der klassischen Genetik handeln, die von G. Mendel begründet worden ist. Also, klassische Genetik – ist ein Bereich der Genetik, der untersucht, wie Gene bei zahlreichen Kreuzungsversuchen in nachfolgenden Generationen kombiniert werden und welchen Einfluss die Genaufspaltung auf den Phänotyp der Nachkommen hat.

2. Versuchsobjekte der klassischen Genetik

Einer der ersten und wichtigsten Schritte vor der Durchführung einer Versuchsreihe ist die Auswahl eines Untersuchungsobjekts. Nur wenn ein Forschungsobjekt allen Anforderungen eines Kreuzungsexperiments entspricht, wird das gewünschte Ergebnis erzielt. So hatte T. H. Morgan Erfolg, als er Taufliegen bzw. Drosophila melanogaster als Untersuchungsobjekt wählte. Denn diese brauchen kleinen Raum für ihr Leben und sind in der Lage, sich sehr schnell zu

---

[1] Bresch, C., Hausmann R. Klassische und molekulare Genetik. Springer, 1972.

vermehren. Außerdem haben Taufliegen nur vier verschiedene Chromosomenpaare: ein Paar davon besteht aus Geschlechtschromosomen und drei davon sind Autosomen.

2.1. Drosophila melanogaster. Beschreibung und Lebenszyklus

Drosophila melanogaster gehört zur Ordnung der Zweiflügler (Diptera), Unterordnung – Fliegen (Brachycera), Familie – Taufliegen (Drosophilidae). Weltweit existieren von ihnen ca. 700 Arten. Allerdings stammt Drosophila aus subtropischer und tropischer Klimazone. Die Körperlänge eines Weibchens beträgt ca. 2,5 mm. Drosophila hat rot gefärbte Augen und braun gefärbten Körper. Die Männchen werden im Vergleich zu den Weibchen durch kürzere Körperlänge und dunklere Farbe des Körpers gekennzeichnet. Drosophila ist meistens tagaktiv. Außerdem ist sie einer der Organismen, der am häufigsten als Forschungsobjekt verwendet wird.

Die Weibchen legen weiß-geblichene Eier auf einem Nährboden nach der Befruchtung ab. Dabei ist die Größe der Eier ca. 0,5 mm. Bei einer Temperatur von 25 °C laufen sie folgende Entwicklungsstadien durch:

1. Embryonalstadium. Die Dauer dieses Stadiums ist etwa 24 Stunden.

2. Larvenstadien. Während dieser Stadien schlüpft eine Larve aus einem Ei. Sie ernährt sich von den Obst zerlegenden Mikroorganismen und gärendem Obst. Diese Stadien dauern etwa 100 Stunden und bestehen aus drei Unterstadien, bei deren die Larven von Drosophila zweimal häuten.

3. Puppenstadium. Hier verlässt eine Made verfaulenden Nährboden. Dieses Stadium dauert vier bis fünf Tagen.

4. Imagostadium. Die geschlüpften Fliegen nennt man oft Imago. Es ist zu bemerken, dass der Körper der Fliegen erst nach einigen Stunden dunkel gefärbt wird.[1]

2.2. Vorteile von Drosophila als Untersuchungsobjekt

Es gibt fünf Vorteile, warum es sich lohnt, diese Fliegenart als Forschungsobjekt genetischer Experimente zu wählen[1]:

- Drosophila ist billig und nicht kompliziert zu züchten;
- Die Generationenfolge beträgt bei einer Temperatur von 25 °C nur 10 Tage;

---

[1] Robert E. Kohler. Lords of the fly. Drosophila Genetics and the Experimental Life. University of Chicago Press, 1994.

- Ein Paar kann 300 bis 400 Nachkommen geben;
- Sie sind sehr empfindlich zu beliebigen Verursachern der Mutationen und Genmutationen kann man bei diesen Fliegen makroskopisch erkennen.
- Sie besitzen vier Chromosomenpaare, die gut zu unterscheiden sind. Denn die geringe Anzahl der Chromosomen erleichtert genetische Untersuchungen.

3. Begriff der Rückkreuzung. Mendelsche Regeln

Der Begriff der Rückkreuzung ist von Mendel eingeführt worden, damit er seine Hypothesen bestätigen kann. Deswegen wird die Rückkreuzung auch als Testkreuzung genannt. Unter der Rückkreuzung verstehet man eine Kreuzungsart, bei deren ein Hybrid mit rezessivem Elter gekreuzt wird. Diese Kreuzungsart verwendet man in der Regel zwecks der Feststellung, ob ein Hybrid einen homozygoten oder heterozygoten Genotyp hat.

- Erbgang: monohybride Rückkreuzung der Fruchtfliegen
- Merkmale: Augenfarbe
- Allele: Weiß-/braune Augen

ab - rezessiv, braune Augen

ab - dominant, weiße Augen

Tab. 1. Beispiel für die Rückkreuzung

P	weibliche Fliege	männliche Fliege
Genotyp	ab ab	ab ab
Gameten	ab ab	ab ab
F1		
Genotyp	ab ab ab ab	ab ab ab ab
Aufspaltungs verhältnis	1 : 1	

Um das Verständnis der Kreuzungen zu erleichtern, sollte man einen Begriff der dyhibriden Kreuzung erläutern. Dyhibride Kreuzung ist eine Kruzungsart, bei deren man einen Erbgang nach zwei einzelnen Merkmalen analysiert.

Mendelsche Regeln. Vor der Durchführung beliebiger Kreuzungen sollte man auch eine Vorstellung über die Grundregel der Vererbung haben, die als Grundlage die Erkenntnisse Mendels haben[1]:

1. Uniformitätsregel

   Bei einer Kreuzung von zwei homozygoten Organismen einer Art ergibt sich die F1-Generation, die völlig uniform ist.

2. Spaltungsregel

   Wenn man eine F1-Generation untereinander kreuzt, die aus einer Kreuzung zweier homozygoten Individuen einer Art stammt, entsteht dann beim Erbgang folgende Aufspaltungsverhältnisse:

   - bei monohybrider Kreuzung – 3 : 1
   - bei dihybrider Kreuzung – 9 : 3 : 3 : 1
   - beim intermediären Erbgang – 1 : 2 : 1

3. Unabhängigkeitsregel

   Gene werden unabhängig voneinander vererbt und kombiniert.

Allerdings gelten die oben dargestellten Regeln für die nächsten Fälle nicht:

- In Fällen der Mutation, Kodominanz, Polygenie, Multiple Allelie, Pleiotropie und Polyploidie
- bei der geschlechtsverbundenen Vererbung
- bei instabilen Allelen
- bei modifizierten Genen und Regulatorgenen
- bei Genen mit unvollständiger Penetranz

4. Begriffe der Genkopplung und Crossingover

Mendel bezeichnete seine dritte Regel als Gesetz der unabhängigen Vererbung. Er behauptete, dass zwei einzelne Merkmale der Individuen unabhängig voneinander vererbt werden, wenn man zwei Individuen kreuzt, die sich zumindest in zwei Alellpaaren voneinander

---

[1] Jannig, Wilfried, Kunst, Elisabeth. Genetik: allgemeine Genetik, molekulare Genetik, Entwicklungsgenetik. Georg Thieme Verlag, 2004.

unterscheiden. Weitere Forschungen von William Bateson und Eginald Crundall Punett zeigten, dass bei der Vererbung unterschiedlicher Merkmale andere Mechanismen treten, und zwar Genwechselwirkung und Genkopplung. Die Genkopplung beschreibt einer Art der Vererbung, bei deren einzelne Gene zusammen bzw. gekoppelt vererbt werden. Insgesamt gehören alle Gene eines Chromosoms zu einer Kopplungsgruppe. Die Genkopplung ist später von T.H. Morgan nachgewiesen worden. Zurzeit ist es bekannt, dass die 3. Mendelsche Regel nur unter folgenden Bedingungen gilt: Genorte befinden sich entweder auf unterschiedlichen Chromosomen oder sie liegen auf demselben Cromosom, aber sehr weit voneinander entfernt, damit eine Möglichkeit der chromosomalen Rekombination bzw. Crossingover entsteht.[1]

Unter dem Begriff des chromosomalen Crossingovers bezeichnet man einen Austausch von Genorten zwischen homologen väterlichen und mütterlichen Chromosomen, der in der Meiose[2] staatfindet. Auf diese Weise bekommt nachfolgende Generation die genetische Information, die aus homologen väterlichen und mütterlichen Chromatidstücken gemischt worden ist. Dadurch entsteht genetische Vielfalt der Individuen, die unterschiedliche genetische Kombinationen enthält.[1]

Abb. 1. Chromosomales Crossingover

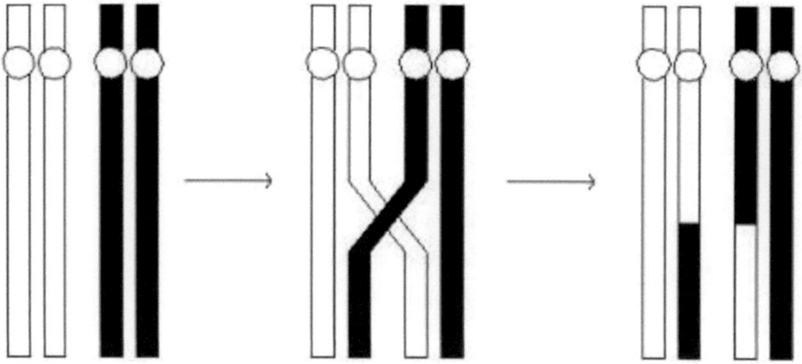

---

[1] Hennig, W. Genetik, 3. Auflage, Springer, März 2002.

[2] Meiose – ist eine Arte der Zellteilung, die aus zwei Teilungen besteht und führt dazu, dass der diploide Chromosomensatz auf den haploiden reduziert wird. Die Meiose findet bei sexueller Fortpflanzung statt.

Chromosomales Crossingover kann auf unterschiedliche Weise verlaufen. Die nächste Abbildung veranschaulicht mögliche Arten des Crossingovers.

Abb. 2. Arten des Crossingovers

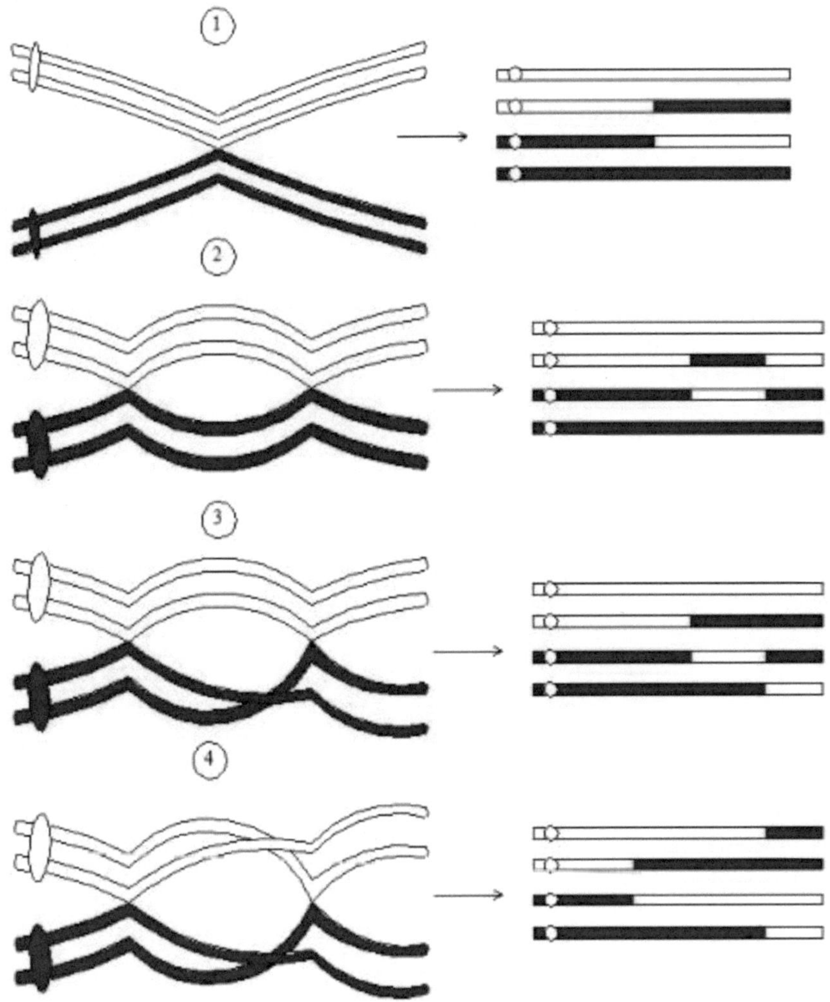

1 – einzelnes Crossingover; 2 – doppeltes Crossingover; 3, 4 – komplexes doppeltes Crossingover[1]

---

[1] Ahluwalia, Karvita B. Genetics. New Age International, 2009.

5. Analyse von Erbgängen

5.1. Beispiel für chromosomalen Crossingover

Kreuzung homozygoter Fliegen mit weißen Augen und normalen Flügeln (Wildtyp) mit homozygoten Mutanten, die braune Augen und lange Flügel haben.

- Erbgang: dihybride Kreuzung, dominant – rezessiv
- Merkmale: Augenfarbe, Flügelform
- Allele: Weiß-/braune Augen und normale/lange Flügel[1]

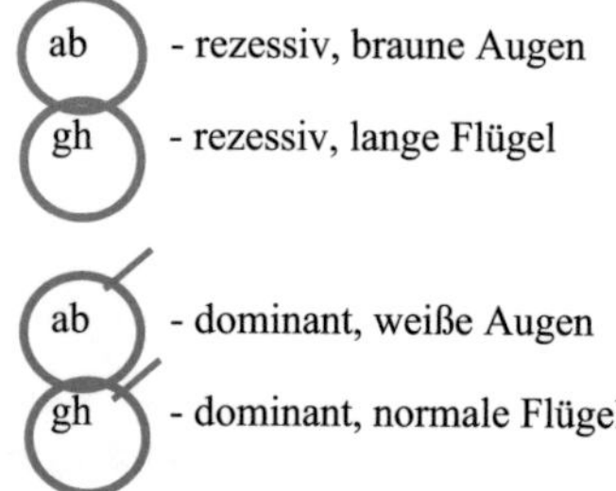

Tab. 2. Kreuzung homozygoter Fliegen

P	weibliche Fliegen ♀	männliche Fliegen ♂
Genotyp	ab ab gh gh	ab ab gh gh
Gameten	ab gh	ab gh
F1		
Genotyp	ab ab gh gh	- weiße Augen, normale Flügel

---

[1] Jannig, Wilfried, Kunst, Elisabeth. Genetik: allgemeine Genetik, molekulare Genetik, Entwicklungsgenetik. Georg Thieme Verlag, 2004.

Nun führen wir die Rückkreuzung eines F1-Weibchens mit rezessivem männlichem Elter durch:

Tab. 3. Rückkreuzung eines heterozygoten Weibchens mit rezessivem männlichem Elter

P	weibliche Fliegen ♀		männliche Fliegen ♂	
Genotyp	ab ab gh gh		ab ab gh gh	
Gameten	ab gh ab gh (Kopplung) (Austausch) ab gh ab gh (Austausch) (Kopplung)		ab gh	

	F1		
Genotyp	ab ab gh gh	ab ab gh gh	ab ab gh gh
	12-mal	2-mal	3-mal
	wie Eltern	Rekombinant	Rekombinant
Ergebnis	52,17%	8,69%	13,04%
Genotyp	ab ab gh gh		
	12-mal		
	wie Eltern		
Ergebnis	26,09%		

Solches Ergebnis zeigt, dass bei vorliegener Rückkreuzung Genorte zwischen homologen männlichen und weiblichen Chromosomen durch Crossingover rekombiniert worden sind. Denn anstatt das laut der dritten Mendlschen Regel erwarteten Ergebnis von 1 : 1 : 1 : 1 entsteht in F1-Generation die Aufspaltungsverhältnisse von 12 : 2 : 3 : 6.

Abb. 3. Crossingover zwischen homologen Chromosomen

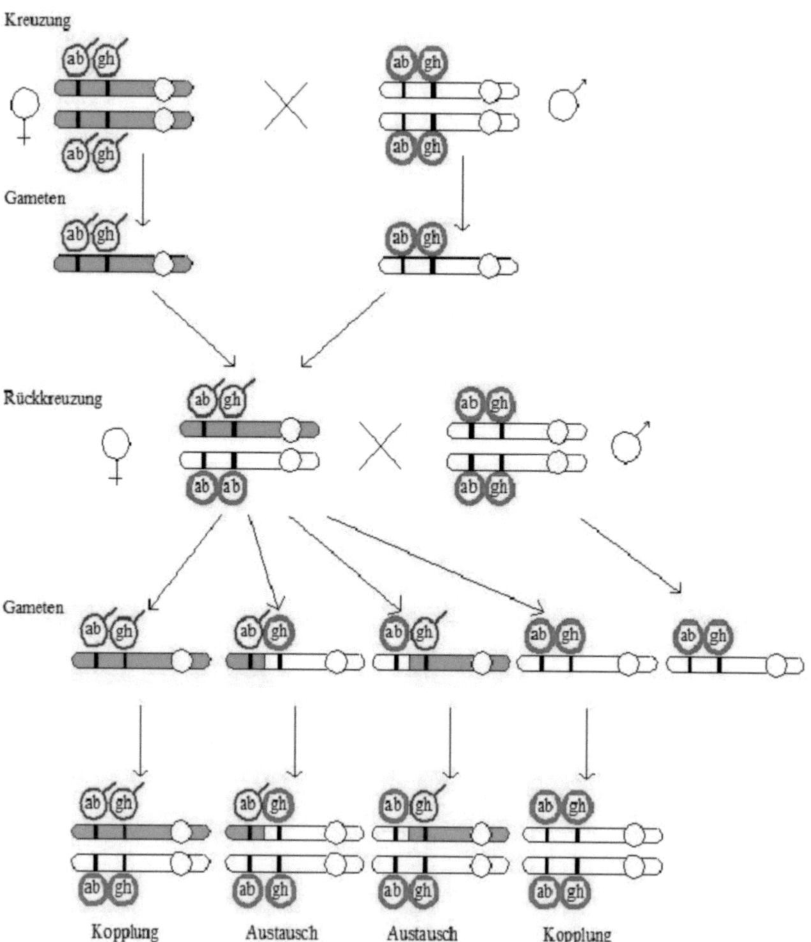

5.2. Beispiel für Genkopplung

Kreuzung homozygoter Fliegen mit weißen Augen und normalen Flügeln (Wildtyp) mit homozygoten Fliegen, die braune Augen und lange Flügel haben.

- Erbgang: dihybride Kreuzung, dominant – rezessiv
- Merkmale: Augenfarbe, Flügelform
- Allele: Weiß-/braune Augen und normale/lange Flügel[1]

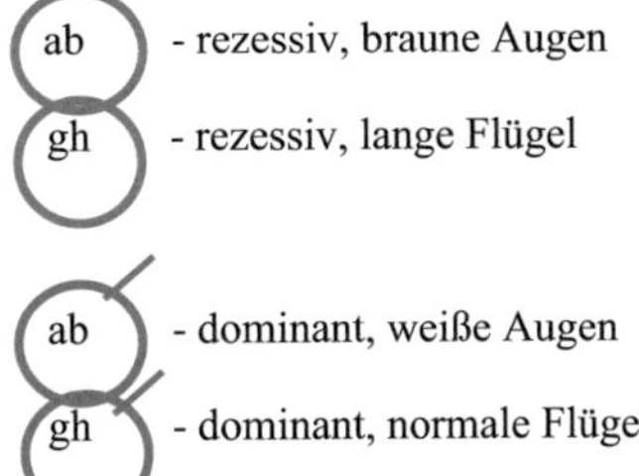

Tab. 4. Beispiel für Genkopplumg

P	weibliche Fliegen ♀	männliche Fliegen ♂
Genotyp	ab ab gh gh	ab ab gh gh
Gameten	ab gh	ab gh
F1		
Genotyp	ab ab gh gh × ab ab gh gh	
Phänotyp	weiße Augen, normale Flügel	
Gameten	ab gh ab gh ab gh ab gh	ab gh ab gh ab gh ab gh

---

[1] Jannig, Wilfried, Kunst, Elisabeth. Genetik: allgemeine Genetik, molekulare Genetik, Entwicklungsgenetik. Georg Thieme Verlag, 2004.

F2	
Phönotyp	weiße Augen, normale Flügel : weiße Augen, lange Flügel : braune Augen, normale Flügel : braune Augen, lange Flügel = 9 : 3 : 3 : 1

5.3. Die Austauschhäufigkeit

Abstand zwischen vererbten Genen bestimmt die Wahrscheinlichkeit eines Crossingovers. Je dieser Abstand kürzer ist, desto häufiger werden sie zusammen bzw. „gekoppelt" (ohne Rekombination) vererbt. Um solche Wahrscheinlichkeit eines Crossingovers festzustellen, ist der Begriff der Austauschhäufigkeit *theta* (θ) eingeführt worden:

$$\theta = \text{(Zahl der rekombinanten Individuen)/(Gesamtzahl der Individuen)}.$$

Dabei liegt *theta* immer im Rahmen von 0 bis 0,5. Ein Wert von 0 besagt, dass Genorte nie durch Crossingover rekombiniert werden. Denn die Gene liegen sehr nahe nebeneinander. Ein Wert von 0,5 besagt, dass Gene nicht zusammen vererbt werden und Crossingover zwischen ihnen geschieht.

Im Fall des vorher dargestellten Beispiels der Kreuzung die Austauschhäufigkeit zwischen rezessiven und dominanten Genen der F1-Generation:

$$\theta = (8{,}7\% + 13{,}04\%)/(52{,}17\% + 8{,}7\% + 13{,}04\% + 26{,}09\%) = 0{,}217$$

Die Information über die Austauschhäufigkeit zwischen Genen gibt eine Möglichkeit, relative Genabstände festzustellen. Eine Einheit des Abstands ist unter centiMorgan (cM) bekannt und entspricht 1% Crossingover.

Aus dem vorliegenden Beispiel beträgt so der Genabstand zwischen ab und gh 21,7%.

6. Schluss

Crossingover spielt eine wichtige Rolle für die Fortpflanzung und Entwicklung der Individuen. Dank genetischer Rekombination vergrößert sich Anzahl der Gameten. Dadurch entstehen mehrere Möglichkeiten der Verbindung der väterlichen und mütterlichen Gameten. So entstehen mehrere Varianten der Mischung aus unterschiedlichen mütterlichen und väterlichen Gameten für nachfolgende Generationen. Auf diese Weise kann erste Generation entweder elterliche Merkmale besitzen oder neue bekommen. Zusammenfassend kann man feststellen, dass eine der wichtigsten Folgen der genetischen Rekombination (Crossingover) die Vielfalt der Organismen ist. Außerdem ist es auch bekannt, dass Crossingover für Genkartierung von großer Bedeutung ist. Weißt man die Austauschhäufigkeit zwischen Genen, wird es möglich, den Abstand zwischen Genen festzustellen und zu bestimmen, in welcher Richtung sie voneinander liegen. Auf diese Weise ist Crossingover ein Vorgang, der in der Meiose stattfindet und wichtige Rolle bei der Vererbung unterschiedlicher Merkmale spielt.

Quellenverzeichnis

1. Ahluwalia, Karvita B. Genetics. New Age International, 2009.
2. Hennig, W. Genetik, 3. Auflage, Springer, März 2002.
3. Jannig, Wilfried, Kunst, Elisabeth. Genetik: allgemeine Genetik, molekulare Genetik, Entwicklungsgenetik. Georg Thieme Verlag, 2004.
4. Kohler, Robert E. Lords of the fly. Drosophila Genetics and the Experimantal Life. University of Chicago Press, 1994.
5. Munk, Katharina. Grundstudium Biologie. Genetik. Spektrum Akademischer Verlag Heidelberg, 2001, Berlin.
6. Seyffert, Wilhelm. Lehrbuch der Genetik, 2. Auflage, Spektrum Akademischer Verlag Heidelberg, 2003, Berlin.

Rassismus, Kultur und Ethnizität in den Analysen von Stuart Hall. "Without Guarantees" von Rudolf Leiprecht und Helma Lutz

Kristina Schmelzer
Nico Kammerlunger

Bibliografische Information der Deutschen Nationalbibliothek:

Die Deutsche Nationalbibliothek verzeichnet diese Publikation in der Deutschen Nationalbibliografie; detaillierte bibliografische Daten sind im Internet über http://dnb.d-nb.de abrufbar.

ISBN: 9783668301689
Dieses Buch ist auch als E-Book erhältlich.

Johann Wolfgang Goethe-Universität
Frankfurt am Main

Fachbereich 03 – Gesellschaftswissenschaften

28.03.16

Verschriftlichung des Referats zu Rudolf Leiprechts und Helma Lutz'

Publikation

„Without Guarantees. Stuart Halls Analysen und Interventionen im Kontext

von Rassismus, Kultur und Ethnizität"

Inhaltsverzeichnis

Einleitung

Unser Referat wurde am 12.01.2016, also gegen Ende des Semesters, gehalten und ist somit auch insofern an das Ende des Seminars zu verorten, da unsere Präsentation thematisch einige wichtige ergänzende Sphären zu dem bisher Diskutierten darstellt. Haben wir uns zu Anfang noch mit Transnationalität und der Geschlechterthematik beschäftigt und inwiefern die transnationale Moderne, in der wir heutzutage leben, Einfluss auf die Geschlechterrollen haben und umgekehrt, so befanden wir uns gegen Ende dieses Seminars im Themenfeld der Ethnizität. Der thematische Übergang wurde dadurch geschaffen, dass wir uns mit Texten beschäftigten, die kritisch hinterfragten inwiefern man auch Ungleichheiten innerhalb ein und desselben Geschlechts aufgrund von Ethnizität feststellen kann und wie Herkunftsland, Gender und Migrationsprozesse miteinander verwoben sind. Texte wie von Gümen (Vgl. Hark (Hg.) 2007, S. 145 ff.), Gonalons (Vgl.Gonalons 2015) und letztendlich Hall, wie wir gleich noch sehen werden, gaben uns dabei den roten Faden durch das Seminar.

Zu der Sitzung vom 12.01.2016 sollten alle Seminarteilnehmer und -teilnehmerinnen den Basistext von Stuart Hall „Kulturelle Identitäten und Diaspora" lesen und in Form eines Lesetagebuchs die Essenz der Publikation für sich zusammenfassen. Der Titel lässt bereits vermuten, dass es sich losgelöst von der zuvor ausführlich behandelten Genderthematik eher um Selbstfindungsprozesse im Bezug auf Kulturen und Zugehörigkeiten handelt. Doch zum Basistext später.

Die Präsentation

In unserem Referat selbst ging es um eine Publikation von Rudolf Leiprecht und Helma Lutz, die über Stuart Hall als Person und über seine Thesen und Werke einen Gesamtüberblick gegeben haben. Somit war unser Anspruch an unsere Präsentation dem roten Faden der Publikation gerecht zu werden, uns relativ genau an die Gliederung des Textes zu halten und dabei die wichtigsten Theorien Halls hervor zu heben und anschließend einige uns wichtig erscheinende Aspekte kritisch im Plenum zu diskutieren. Als Start gaben wir demnach einen Kurzüberblick über seine Biographie.

Biographie

Geboren und aufgewachsen ist Stuart Hall am 3.Februar 1932 in Kingston, Jamaica. Er selbst habe laut eigener Aussagen schon damals unter den rassistischen und sozialen Verhältnissen in Jamaica gelitten. Mit Hilfe eines Stipendiums wanderte er nach Oxford,

Großbritannien aus, wo er dann Literaturwissenschaften studierte. Wofür er berühmt wurde und somit großen Einfluss in der wissenschaftlichen Öffentlichkeit gewann, war die Gründung des Centers of Contemporary Cultural Studies zusammen mit Richard Hoggart 1964 in Birmingham. Allgemein trat er immer öfter mit seinen Stellungnahmen zu wichtigen politischen und kulturellen Themen in den Medien auf, um seine Ansichten darzustellen und publik zu machen. Seine Publikationen bezogen sich immer auf den Multikulturalismusdiskurs, den er immer in Zusammenhang mit Rassismus- und Machtverhältnisanalysen setzte.

Seine Werke beeindruckten deshalb, weil er seine eigenen Erfahrungen zum Thema Rassismus und kulturelle Identität miteinbezog und oft aus der Ich- oder Wir-Perspektive schrieb, was so eher ungewöhnlich im wissenschaftlichen Diskurs war. (Vgl. Leiprecht und Lutz 2015, S. 291)

Ihm selbst lag viel daran ein Bewusstsein für den dominierenden weißen Blick zu schaffen, der nach Hall beschreibt und bewertet. (Vgl. Hall 1989, S. 159) Nach Hall müsse man sich nicht explizit rassistisch äußern, um einen rassistischen Blickwinkel zu haben. Hall wollte bewusst machen, dass Multikulturalismus eben nicht „jeder ist gleichwertig" bedeutet, sondern dass dieses Konzept immer noch soziale Ungleichheit mit sich bringt. Ebenso spiele für Hall die Rolle der Massenmedien für diese soziale Positionierung von Leuten eine große Rolle. (Vgl. Leiprecht und Lutz 2015, S.290) Durch seine Analysen der Machtverhältnisse habe er Wissenschaftler nachhaltig geprägt und galt als einer der bedeutendsten Intellektuellen des 20. Jahrhunderts. Am 10. Februar 2014 ist er letztendlich in London verstorben.

Mit dieser Kurzbiographie leiteten wir das Referat ein.

Identität und Subjekt

Stuart Hall befasste sich in diesem Zusammenhang damit was Identität und Subjekt eigentlich bedeutet: Identität nicht als feststehendes Sein zu begreifen, sondern als endloser Prozess und Weiterentwicklung und vor Allem, dass man auch Mehreres gleichzeitig sein kann.

Je nach Kontext und Situation sind Identitäten und Subjekte jedoch kollektiv als Nation z.B. zu verstehen oder auch als individuelle Einzelne. Auch unsere Gesellschaft, die sich im Laufe der Geschichte in ihren Werten und Normen und andere Bereichen verändert hat, wird demnach im Subjekt reflektiert.

Wir gaben dem Plenum einen kurzen Diskurs zur Theorie des symbolischen Interaktionismus, welches aussagt, dass das Subjekt immer im Bezug zu den Anderen geformt wird und dass Identitätsbildung auf der Interaktion zwischen dem Ich und der Gesellschaft beruht. (Vgl. Leiprecht und Lutz 2015, S. 296) Diskontinuität, Bruch und Zerstreuung gehen für Hall mit den Begriffen Subjekt und Identität einher (Vgl. Hall 1994a, S. 185), da dass vollkommene, einheitliche Subjekt mit einer zusammenhängenden, dauerhaften Identität eine Illusion sei. (Vgl. Hall 1994a, S. 183) Daher würden sich Pluralismus von Identitätsangeboten auch in der Politik ergeben, da politische Landschaften mit ihren Wählern sowohl vielfältiger als auch wechselhafter geworden sind. (Vgl. Leiprecht und Lutz 2015, S.296f.)

Somit lässt sich unserem Verständnis nach zusammenfassend sagen, dass Identität niemals etwas Abgeschlossenes und Vollendetes sein kann, da es eher auf einem stetigen Werden beruht und dass das Subjekt stets ein Anderes braucht, welches einem die eigene Existenz sozusagen bestätigt, indem es auf mein „Ich" reagiert und mich in der Gesellschaft dadurch einbettet.

„Rasse", Nation, Ethnizität

Stuart Hall hat sich während seiner wissenschaftlichen Laufbahn sehr intensiv mit den Begriffen „Rasse", Nation und Ethnizität sowie deren Verhältnisse zueinander beschäftigt. Der Begriff „Rasse" stellt für ihn lediglich nur „eine diskursive, keine biologische Kategorie" dar. Diese Konstruktion von Gruppen erfolge durch eine Grenzziehung entlang körperlichen Merkmalen wie z.B. Hautfarbe, Haarform. Die Kategorisierung von „Schwarz" und „Weiß" sieht Stuart Hall weder als natürlich noch essentiell an, sondern sei einfach nur in politische und kulturelle Zusammenhänge eingebettet (Vgl. Hall 1994b, S.18). Hierbei lässt sich klar Stuart Halls Anspielung auf die Kolonialisierung und Ausbeutung von verschiedenen Ländern durch die Europäer erkennen.

Im Bezug auf den Begriff Nation betont Stuart Hall, dass es sich bei nationaler Kultur um einen Diskurs handelt, der darauf abzielt, „Bedeutungen zu konstruieren, die sowohl unsere Handlung als auch unsere Auffassungen von uns selbst beeinflusst und organisiert." (Hall 1994a, S. 201)

In Diskussionen über den Begriff Nation fallen häufig Wörter wie „nationale Einheitlichkeit" oder „einheitliche Nationalkultur" wie z.B. auch in der gegenwärtigen Flüchtlingskrise in Deutschland. Tausend Pegida Anhänger gehen regelmäßig auf die Straße um gegen die Einwanderung von muslimischen Menschen zu protestieren, da sie darin eine vermeintliche Bedrohung der

abendländischen Kultur/Werte sehen.

Für Stuart Hall ist die nationale Einheitskultur ein nicht real existierendes Konstrukt. Er stellt fest, dass die „meisten modernen Nationen (...) aus disparaten Kulturen (bestehen), die nur durch einen langen Prozess gewaltsamer Eroberungen vereinigt wurden, d.h. durch gewaltsame Unterdrückung kultureller Differenzen" (Hall 1994a, S. 206). Nationen sind somit nach Stuart Hall „kulturell hybrid" d.h. „immer aus verschiedenen sozialen Klassen, Geschlechtern und ethnischen Gruppen zusammengesetzt". Diese Diversität wird u.a. auch, aber nicht nur, durch Migrationsprozesse vorangetrieben, so Hall.

Im Bezug auf den Ethnizitätsbegriff spricht sich Hall für eine Erweiterung dessen aus. Dieser solle nämlich seiner Meinung nach nicht nur für Einwanderer oder einer Mehrheit stehen, sondern für alle Mitglieder einer Gesellschaft gelten. Gleichzeitig ist er sich der Problematik von Konzepten wie Ethnizität und ethnische Identität bewusst. Diese Konzepte können nämlich politisch-national Rechte dazu missbraucht werden, um gegen Einwanderer zu hetzen, die angeblich eine homogene bzw. ursprüngliche ethnisch-nationale Identität bedrohen. Diese Problematik ist angesichts der momentan andauernden Flüchtlingskrise aktueller denn je. Rechtspopulistische und nationalistische Parteien in Deutschland wie die AfD und NPD aber auch die Front National in Frankreich konnten den Flüchtlingszustrom dazu instrumentalisieren, gegen Fremde zu hetzten und so einen massiven Stimmengewinn bei Kommunal- und Landtagswahlen zu verzeichnen (Vgl. Albrecht 2016). Die Gefahr einer gesellschaftlichen Spaltung ist so groß, dass selbst Bundeskanzlerin Angela Merkel in ihrer Neujahresansprache für 2016 die Bevölkerung mahnt, „denen nicht zu folgen, die mit Kälte oder gar Hass in ihren Herzen ein Deutschsein allein für sich reklamieren und andere ausgrenzen wollen (Vgl. Merkel 2015; n-tv.de)."

Angesichts dieser Problematik des Ethnizitätsbegriffs, den Stuart Hall schon sehr früh erkannt hatte, entwickelte er ein neues Modell von Identitätsbildung. Dabei bediente er sich auch seinen eigenen Erfahrungen aus verschiedenen Migrationskontexten. Hall sieht für Einwanderer im Zeitalter der Globalisierung nämlich nicht nur die Option „entweder zu ihren Wurzeln zurückzukehren oder in der Assimilation oder Homogenisierung zu verschwinden (Hall 1994a, S.218)". Hall setzt sich für eine offenere Konzeption von Ethnizität ein, indem er „Routen"-Wege der Erfahrung, Integration, Ausgrenzung und des Neubeginns hervorhebt, um eine zwangsläufige Marginalisierung anderer zu vermeiden. In diesem Zusammenhang spricht er auch von „Kulturen der Hybridität". Menschen mit multiplen Zugehörigkeiten sollten demnach diese in ihr persönliches Identitätskonzept integrieren.

Encoding und Decoding

Stuart Hall hat sich in seiner wissenschaftlichen Arbeit mit Kommunikationsmodellen und der Analyse von Medien beschäftigt. In seiner Theorie zu Encoding/Decoding kritisiert er das deterministische „Sender-Empfänger-Konzept". Dieses Konzept geht nämlich nur von der Weitergabe der Information in nur eine Richtung aus, eben vom „Sender" zu „Empfänger". Hall beschreibt den Kommunikationsprozess als prozesshaften Kreislauf, in dem die Medien eine große Deutungshoheit im Kodierungsprozess besitzen: „ Nachrichten, Informationen oder Medieninhalte sind nicht Realität, sondern Repräsentationen von Realität, kodiert in Botschaften und Bedeutungen, wobei die Kodierenden auf ihr soziales Wissen zurückgreifen und versuchen bevorzugte Bedeutungen zu implementieren (Vgl. Leiprecht und Lutz 2015, S. 299)". Die Medien haben also nach diesem Modell die Hoheit durch geeignetes Kodieren (Encoding) den Deutungsprozess mit einem Fingerzeig zu lenken.

Die von Stuart Hall beschriebene Deutungshoheit der Medien im Kommunikationsprozess lässt sich auch gut mit einem Ereignis während der Flüchtlingskrise im Jahr 2015 verdeutlichen. September 2015 ging nämlich das Foto eines toten Flüchtlingsjungen um die Welt. Dieses Bild, welches bei den allermeisten Menschen Mitgefühl und Trauer auslöst, hat zu einem Stimmungsumschwung Großbritanniens in der Flüchtlingspolitik geführt. Nach Ansicht des bewegenden Fotos war Großbritannien plötzlich bereit, eine größere Zahl an syrischen Flüchtlingen aufzunehmen (Vgl. Wintour 2015).

Auch wenn die Medien eine Deutungshoheit im Kommunikationsprozess haben weiß Stuart Hall auch darauf hin dass Botschaften mehrdeutig sind und dass das Publikum eigene Lesearten entwickelt und eine große Bandbreite an Dekodierungsoptionen besitzt (Vgl. Luprecht und Lutz 2015, S. 299). Die Medien haben also demnach keinen vollständigen Zugriff auf Dekodierungsprozesse des Publikums

Artikulation

Das Thema Artikulation wurde in Leiprechts und Lutz' Text zu Stuart Hall als eigenständig gegliedertes Themenfeld behandelt, demnach haben auch wir in unserem Referat dieses Konzept von Hall hervorgehoben. Zum allgemeinen Verständnis erläuterten wir, was Hall als Artikulation

definiert; nämlich die Beziehung zwischen Subjekt und Diskurs.

Des Weiteren sei Artikulation eine Art Doppelbedeutung von Ausdruck, da es Elemente miteinander verknüpft, aber auch trennt und neu bildet. Doppelbedeutung auch deshalb, weil sie einerseits das Produkt von Subjektivität ist, andererseits dem Subjekt erst ihren Inhalt verleiht. Daher liegt eine Wechselwirkung von Subjekt und Artikulation vor. (Vgl. Leiprecht und Lutz 2015, S. 297f.)

Wichtig zu betonen war uns, dass Individuen in gesellschaftlichen Diskursen nicht als Subjekte als solche konstituiert werden, sondern als Positionen. Um es begreiflicher zu machen: In einem gesellschaftlichen Diskurs nehme 'ich' immer eine Position ein oder es wird mir eine von außen zugeschrieben. In dem Sinne ist eine Positionierung eine Zuweisung oder Anrufung, die entweder eigenständig geschieht oder durch andere mir auferlegt wird. Laut Hall nehme ich also erst dann für Andere eine bestimmte Identität ein, wenn ich als Subjekt mit einem bestimmten Diskurs für sie in Verbindung gebracht werde. (Vgl. Leiprecht und Lutz 2015, S. 297.) Dafür muss ich selbst mich natürlich nicht mit dieser Identität verbunden sehen bzw. mich nicht genau so positionieren wie mich Andere positionieren. Ich kann diese Positionierung bestätigen oder widerlegen oder ihr einen anderen Diskurs zuweisen. Als Beispiel haben wir hier das auch im Text erwähnte Beispiel der Zuweisung „Schwarze/r" genommen, die für so Manche als abwertende Positionierung gelten mag – je nach dem aus welcher Sichtweise und in welchem Diskurs man diese Zuweisung betrachtet - , für eben diese Gruppierung jedoch als Grund zur schwarzen Bürgerrechtsbewegung genommen wurde und eine Diskursabänderung der Zuweisung „der oder die Schwarze" zufolge hatte. (Vgl. Leiprecht und Lutz 2015, S. 298)

Für Hall ist das Konzept der Positionierung demnach wohl auch deshalb so wichtig, weil der Ausdruck, den ich wähle, viel über meine Positionierung und über meine Handlungs- und Leidensprozesse aussagt.

Rezeption

Seit den 1980er Jahren werden in verschiedenen Fachdiskursen die Arbeiten von Stuart Hall thematisiert. Die Rezeption ist fachlich sehr breit aufgestellt und reicht von politischer Theorie bis hin zu Migrations- und Jugendforschung. Besonders hervorzuheben ist im Kontext der Migrationsforschung die Rezeption Halls von Nora Räthzel und Annita Kalpaka. Beide haben den Rassismus Begriff von Stuart Hall aufgegriffen und einen wichtigen Beitrag dazu im fachlichen Diskurs beigetragen.

Zusammenfassend lässt sich festhalten, dass Stuart Halls Arbeiten das relativ junge Feld der postkolonialen Studien stark geprägt haben und mittlerweile unverzichtbar für kritische forschende geworden ist (Vgl. Leiprecht und Lutz 2015, S. 301).

Stuart Halls Maximen der Forschung

Mit den Wörtern „Without Guarantees" lässt sich Stuart Halls Maxime der Forschung beschreiben. Gemeint ist dass es keine Garantie für die Gültigkeit bzw. Reichweite der eigenen Analyse gibt. „Theoretische Sicherheit" darf in der Wissenschaft niemals angestrebt werden, da das nach Meinung von Hall einem Stillstand des Denkens gleich kommen würde. Stattdessen plädiert er für eine immer wiederholende Auseinandersetzung mit den Themen aus anderen Blickwinkeln (Vgl. Lauprecht und Lutz 2015, S.302).

Fragen zum Basistext von Stuart Halls „Kulturelle Identitäten und Diaspora"

Wie bei jedem Leistungsnachweis in Form eines Referates haben auch wir uns bei unserem Referat Fragen zum Basistext, den jeder lesen sollte, überlegt, um die Schlüsselessenz des Textes gemeinsam mit den Kommilitonen deutlich herauszuarbeiten und Missverständnisse beiseite zu räumen. Wir stellten Fragen wie:

1. Welche zwei Sichtweisen auf kulturelle Identität unterscheidet Hall ?

2.Welchen Einfluss haben koloniale Erfahrungen auf kulturelle Identitätsbildung?

3. Was ist Positionierung?

Nach kurzer Zeit zum Überlegen und gemeinsamem Besprechen, forderten wir nun unsere Kommilitonen auf, die Fragen öffentlich und gemeinsam im Plenum zu beantworten.

Die Antworten wurden unserer Auffassung des Textes nach korrekt beantwortet und lassen für uns viele Parallelen zum Referatstext bzw. zu Halls anderen bekannten Thesen deutlich werden:

Für unsere Kommilitonen dürften die Themen wie Identität und Subjekt sowie Artikulation nicht völlig unverständliches Neuland gewesen sein, da Hall in dem zu lesenden Basistext „Kulturelle Identitäten und Diaspora" schon zu Beginn angeschnitten hatte, dass jede Tätigkeit einer Repräsentation eine gleichzeitige Position von Artikulation, also Position von Ausdruck, sei. Der Sprechende und das Subjekt, über das gesprochen wird, seien niemals gänzlich identisch. (Vgl. Hall 1994c, S. 26 ff.) Damit wird nochmal bestätigt, was wir in unserem Referat zu vermitteln versuchten: Fremd- und Selbstzuweisungen müssen nicht immer identisch sein und eine Positionierung deines Selbst in einem bestimmten Diskus wird zum Ausdruck der Repräsentation, den ich für mich selbst wähle – dieser muss jedoch nicht zwingend auch von Außenstehenden so akzeptiert werden. Genauso muss ich als individuelles Subjekt mit den Fremdzuweisungen, also der Identität, die ein Außenstehender in mir sieht und mir auferlegt, nicht konform gehen.

Im Basistext wurde also bereits angedeutet, was wir näher ausgeführt haben, nämlich die Prozesshaftigkeit der Identitätsbildung und das Spannungsfeld zwischen dem Ich und den Anderen, in dem das Subjekt sich befindet.

In diesem Zusammenhang kann sich auch die Perspektive auf kulturelle Identität gut erklären lassen, denn Hall unterschied in seinem Basistext zwei Sichtweisen auf kulturelle Identität. Zum einen das Festhalten an der gemeinsamen Kultur und Geschichte, was einer Nation bzw. einem ethnischen Kollektiv eine gemeinsame Identität verleiht. Diese Perspektive fungiert als Anker für die zahlreichen verstreuten Schwarzen auf der ganzen Welt. (Vgl. Hall 1994c, S. 27 f.)

Die andere Sichtweise auf kulturelle Identität zeichnet sich dadurch aus auch die Differenzen, die sich nun mal unweigerlich durch den Lauf der Zeit gebildet haben, im Blick zu haben, neben den Gemeinsamkeiten auch die Unterschiede anzuerkennen und die kulturelle Identität auch als ein „Werden" zu begreifen, da die Gegenwart einzelner doch verschieden und stark verändert sein kann. (Vgl. Hall 1994c, S. 29)

Das 'Werden' ist hierbei ganz zentral, denn auch hier lässt sich Halls Appell für einen immer weitergehenden Prozess der Identität erkennen. Seine Thesen zu Identität, Subjekt, Artikulation und seine Analysen zu kulturellen Identitäten und Diaspora der Schwarzen, insbesondere in der Karibik, lassen sich hier wunderbar zusammen fügen und der Zusammenhang wurde hoffentlich auch im Referat deutlich.

Wenn man sich nun den Teil „Rasse, Nation und Ethnizität" ins Gedächtnis ruft, wird die Parallele zur kolonialen Erfahrung in Halls Basistext deutlich, da Ethnizität oder ethnische Identitätsbildung sich für ihn problematisch gestaltet in der Form wie sie heutzutage häufig angesehen wird. Wie

schon oben erwähnt, spricht sich Hall für ein offeneres Ethnizitätskonzept aus, welches für Routen statt „Roots" plädiert. Im Basistext spricht Hall von den verschiedenen Präsenzen – die europäische, die afrikanische und die karibische Präsenz -, die sich auf die kulturellen Identitäten niederschlagen. Die europäische beschreibt er zum einen als den Blick des Anderen, den weißen Blick, und zum anderen verbindet er damit die Integrationsfrage mit all denen, die nun im europäischen Raum sind, die zuvor von genau jenen Europäern zuvor ausgebeutet worden sind. Die europäische Präsenz geht für Hall demnach mit Enteignung einher.

Die afrikanische Präsenz zeichnet sich für Hall darin aus, dass sie den gemeinsamen Ausgangspunkt für alle in Diaspora lebenden Schwarzen darstellt und auch ihren Einfluss in den verschiedenen daraus entstandenen Kulturen behält wie in etwa in den Rythmen der Musik der Karibik beispielsweise. Die 'neue Welt', wie Hall sie nennt, hiermit speziell die Karibik gemeint, ist das leere Land, in dem Fremde aus aller Welt zusammenstoßen und eine neue Mixkultur ergeben. Mixkulturen sind für Hall in dem Sinne das, wofür er im Prinzip in seinen Thesen zu appellieren versucht: Individuelle kulturelle Identitätsbildungen und Akzeptanz der hybriden Formen der eigenen 'Ethnizität'.

Damit einhergehend ist die eigene Positionierung, also die Zuweisung, in der ich mich bestätigt sehe, der Diskurs, in dem ich mich verorte, die Artikulation, die ich für mich selbst als Subjekt wähle und die Identität, die ich für mich selbst bilde, genauso eine Möglichkeit Hybridität zum Ausdruck zu bringen.

Seminardiskussion

Nachdem wir inhaltliche Verständnisfragen der Seminarteilnehmer zu unserem Referat geklärt hatten, widmeten wir uns zu den beiden vorbereiteten Diskussionsfragen. Dabei

haben wir zwei Zitate unseres Referatstextes in den Raum geworfen mit der Bitte diese zu erklären bzw. Beispiele zu finden.

„Indem Individuen als handelnde Subjekte in die ihnen zugewiesene Position auch selbst investieren, ist es möglich, sich der Fremdunterwerfung zu widersetzen, indem die eigene Fremdpositioniertheit zu einer widerständigen Selbstpositioniertheit umgeformt wird." (Rostock 2013, S.45)

Wir Referenten haben dieses Zitat versucht in Verbindung mit den sexuellen Übergriffen von Männern arabischen Aussehens auf Frauen in der Silvesternacht 2015/2016 am Hauptbahnhof in Köln zu setzen. Wir gingen von der These aus, dass Migranten, die von rechtspopulistischen Bewegungen in Deutschland sowieso schon als kriminell fremdpositioniert werden durch ihre

eigenen kriminelle Handlungen selbst in die ihnen zugewiesene Position investieren. So haben wir die These aufgestellt, dass die (kriminellen) Migranten womöglich so ihre Fremdpositionierung zu einer Selbstpositionierung transformieren. Unsere These haben wir den Seminarteilnehmern vorgestellt und gefragt, ob sie dieser Argumentation grundsätzlich zustimmen. Die Seminarteilnehmer reagierten skeptisch, obwohl sie die Argumentation zunächst nachvollziehen konnten. Einige meinten jedoch, dass das Beispiel von der Silvesternacht nicht zu 100 Prozent zum obigen Zitat von Rostock passt, da die kriminellen Migranten von Köln ihre Fremdpositionierung nicht widerständig in eine Selbstpositionierung transformiert haben. Das Wort „widerständig" hat den meisten Seminarteilnehmer den Ausschlag gegeben dieses Beispiel als zu dem Zitat unpassend zu bewerten. Auch wir Referenten konnten diese kritische Bewertung unseres eingeworfenen Beispiels gut nachvollziehen.

Auf der Suche nach passenden Beispielen für das Zitat von Rostock sind aus der Seminardiskussion einige gute Ideen hervorgegangen. So konnten wir herausarbeiten, dass besonders bei sozialen Bewegungen das Aufgreifen von Abwertungen eine wichtige Rolle einnimmt. Besonders Diskurse zum Thema Identität bestehen zum größten Teil aus Selbst- und Fremdpositionierungen.

In der schwarzen Bürgerrechtsbewegung in Amerika konnten wir letztendlich ein passendes Beispiel für das Zitat von Rostock finden. Denn durch den Satz „Black is beautiful!" versuchten schwarze Bürgerrechtler das Ausgrenzungsmerkmal (die schwarze Hautfarbe) offensiv zu wenden, indem sie die Fremdzuschreibung annehmen und offensiv umkehrten.

Nachdem wir ausgiebig über das Zitat von Rostock diskutiert haben, haben wir Referenten als nächstes ein Zitat von Stuart Hall persönlich in den Raum geworfen und haben die Seminarteilnehmer gebeten, dazu Stellung zu nehmen.

„(Identitätsbildungen), die nicht einheitlich sind und sich auch nie im alten Sinne vereinheitlichen lassen wollen, weil sie unwiderruflich das Produkt mehrerer ineinandergreifender Geschichten und Kulturen sind und zu ein und derselben Zeit mehreren Heimaten und nicht nur einer besonderen Heimat angehören. Menschen die zu solchen Kulturen der Hybridität gehören, mussten den Traum oder die Ambition aufgeben, irgendeine verlorene kulturelle Reinheit, einen ethnischen Absolutismus, wiederentdecken zu können" (Hall 1994a, S.218)

Die meisten Seminarteilnehmer konnten spontan diesem Vorschlag von Stuart Hall zustimmen. Wir Referenten konnten auch nochmal die besondere Problematik von Jugendlichen mit Migrationshintergrund veranschaulichen. So ist es bekannt, dass viele Jugendliche mit Migrationshintergrund in Deutschland oder z.B. in England oder Belgien zwischen zwei Kulturen hin und hergerissen sind. Einerseits fühlen sie sich häufig durch Diskriminierungs- und Marginalisierungserfahrungen fremd in der europäischen Gesellschaft, aber andererseits fühlen sie

sich auch u.a. wegen Sprachbarrieren nicht gut in die Kultur ihres Herkunftslands integriert. Sie sind somit leicht zugänglich für salafistische Hassprediger, die Identitätskrisen junger Menschen dazu benutzt, Kämpfer für die Terrormiliz IS zu rekrutieren (Bauknecht 2015).

Vor dem Hintergrunde des obigen Zitats haben wir mit den Seminarteilnehmern über den Begriff der „kulturellen Identität" gesprochen und haben auch dabei Bezug auf den Basistext von Stuart Hall genommen. Stuart Hall spricht sich nämlich, wie man am

obigen Zitat erkennen kann, für einen Identitätsbildungsprozess gemäß des Mottos „From roots to routs!" aus. Wir konnten während der Seminardiskussion gut die Bedeutung und die Problematik der von Stuart Hall genutzten Wurzel-Metapher herausarbeiten. Beim Wurzel-Diskurs handelt es sich nämlich in unserer Gesellschaft um einen sehr mächtigen und allgegenwärtigen Diskurs, dem man sich als Individuum nur schwer entziehen kann. So werden z.B. Menschen mit Migrationshintergrund, die selbst in Deutschland geboren worden sind, immer wieder von Deutschen ohne Migrationshintergrund gefragt, woher sie denn eigentlich bzw. ursprünglich herkommen. Diese Wurzel- Metapher impliziert ein Bild von Kultur als ein abgeschlossenes Vakuum. Stuart Hall lehnt entschieden solch eine Vakuum-Vorstellung von Kultur ab und würde „die Wurzel" eigentlich nur als soziales Konstrukt sehen.

Fazit

Um noch einmal ein zusätzliches abschließendes Wort zu unserer Verschriftlichung zu finden, wollten wir anmerken, dass Halls Mühen nach Weltoffenheit, Toleranz (auch sich selbst und seinem Selbstfindungsprozess gegenüber) und Akzeptanz der Mischformen und sein wissenschaftlicher Kampf gegen das Schubladendenken insgesamt mit den Bemühungen der vorangegangenen Autoren, die wir im Seminar behandelt haben, vereinbar sind, auch wenn die thematischen Felder auf den ersten Blick scheinbar nichts miteinander zu tun haben.

Transnationalität, Migration, Gender wurden in diesem Seminar scheinbar thematisch getrennt behandelt, doch mischten sich langsam aber sicher zu einer Aussage: Veränderungen und Differenzen müssen im Blick behalten werden, von der Wissenschaft stetig untersucht werden und verwobene Elemente immer auch als solche mitbetrachtet werden, bevor man sich eine Meinung zu etwas bilden möchte. Der Anspruch der Hybridität gilt genauso für kulturelle und ethnische Identitäten wie auch für typische Geschlechterrollen, die vielleicht im Ursprungsland als nicht erfüllt gelten, im Auswanderungsland jedoch genau das tatsächlich wahr machen. Man kann also transnational sein, man kann geschlechtertypisch und –untypisch zugleich sein, man kann

afrikanisch, karibisch und englisch gleichzeitig sein, wenn man diese Identität für sich so gefunden und empfunden hat und sich in allen drei Sphären positionieren kann.

Grauzonen sehen und Zusammenhänge verstehen lernen war der Anspruch dieses Seminars und was Transnationalität, Gender und Migration miteinander zu tun haben war nach dieser Hausarbeit nie klarer gewesen. Daher ist es wichtig, gerade in Zeiten wie diesen, daran zu denken, dass all das, was eine Person beispielsweise von den Ansprüchen einer Gruppierung ausgrenzt, doch nichts weiter als soziale Konstrukte sind, die man genauso gut auch überdenken kann.

Literaturverzeichnis

Albrecht, Christian (2016): Kommunalwahl-Erfolge für AfD und NPD.Rechtsruck in Hessen. Hessenschau. http://hessenschau.de/politik/wahlen/kommunalwahlen-2016/kommunalwahl-erfolge-fuer-afd-und-npd-der-rechtsruck,rechtsruck-hessen-100.html

Bauknecht(2015): Salafismus in Deutschland. Link abrufbar unter:

http://www.bpb.de/izpb/214407/salafismus-in-deutschland?p=all

(letzter Zugriff 24.03.16)

Gonalons, P. (2015): Servants of Gender Equality: The Representation of domestic work in spanish policy debates. Frankfurt am Main.

Gümen, S. (1998): Das Soziale des Geschlechts. Frauenforschung und die Kategorie „Ethnizität". 2. Auflage. In: Sabine Harck (Hrsg) (2007): Dis/Kontinuitäten: Feministische Theorie: S. 145-164. VS-Verlag: Wiesbaden.

Leiprecht, Rudolf / Lutz, Helma (2015): Without Guarantees. Stuart Halls Analysen und Interventionen im Kontext von Rassismus, Kultur und Ethnizität. In: J. Reuter / P. Mecheril (Hrsg.): Schlüsselwerke der Migrationsforschung: 289-305. Springer Fachmedien: Wiesbaden.

Merkel, Angela (2015): Neujahresansprache 2016. http://www.n-tv.de/politik/Merkels-Ansprache-im-Wortlaut-article16671721.html

Hall, S. (1989): Die Konstruktion von ‚Rasse' in den Medien. In N. Räthzel (Hrsg.), Ideologie, Kultur, Medien, Neue Rechte, Rassismus. Ausgewählte Schriften I (S. 150–171; zuerst engl. 1981). Hamburg: Argument.

Hall, S. (1994a): Die Frage der kulturellen Identität. In U. Mehlem, D. Bohle, J. Gutsche, M. Oberg, & D. Schrage (Hrsg.), Rassismus und kulturelle Identität. Ausgewählte Schriften II (S. 180–222; zuerst engl. 1992). Hamburg: Argument

Hall, S. (1994b): Neue Ethnizitäten. In U. Mehlem, D. Bohle, J. Gutsche, M. Oberg, & D. Schrage (Hrsg.), Rassismus und kulturelle Identität. Ausgewählte Schriften II (S. 15–25; zuerst engl. 1992). Hamburg: Argument.

Hall, S. (1994c): Kulturelle Identitäten und Diaspora. In U. Mehlem, D. Bohle, J. Gutsche, M. Oberg, & D. Schrage (Hrsg.), Rassismus und kulturelle Identität. Ausgewählte Schriften II (S. 26–42; zuerst engl. 1992). Hamburg: Argument

Rostock, P. (2013). Jenseits von > Identität <. Zu den Un/Möglichkeiten nicht-identitärer Strategien politischen Handelns. Unveröffentlichte Dissertation, Fachbereich Gesellschaftswissenschaften Frankfurt a. M., verteidigt im April 2013.

Wintour, Patrick (2015): UK to take up to 20,000 Syrian refugees over five years, David Cameron confirms http://www.theguardian.com/world/2015/sep/07/uk-will-accept-up-to-20000-syrian-refugees-david-cameron-confirms